水肥一体化技术图解系列丛书

小麦
水肥一体化技术图解

涂攀峰　张承林　编著

U0256130

中国农业出版社

图书在版编目（CIP）数据

小麦水肥一体化技术图解 / 涂攀峰，张承林编著
.—北京：中国农业出版社，2018.1
　（水肥一体化技术图解系列丛书）
　ISBN 978-7-109-23597-7

Ⅰ．①小…　Ⅱ．①涂…②张…　Ⅲ．①小麦 – 水肥管理 – 图解　Ⅳ.①S512.1–64

中国版本图书馆CIP数据核字（2017）第292160号

中国农业出版社出版
（北京市朝阳区麦子店街18号楼）
（邮政编码　100125）
责任编辑　魏兆猛

———————————

中国农业出版社印刷厂印刷　　新华书店北京发行所发行
2018年1月第1版　　2018年1月北京第1次印刷

———————————

开本：787mm×1092mm　1/24　　印张：$2\frac{1}{4}$
字数：60千字
定价：12.00元
（凡本版图书出现印刷、装订错误，请向出版社发行部调换）

　　小麦是我国主要的粮食作物之一。虽然目前小麦的单产水平相比过去有了较大的提高，但小麦的增产潜力仍有待挖掘。在传统生产条件下，目前我国小麦的单产虽属于高产阶段，但与国外发达国家小麦生产相比，无论是单产水平，还是机械化程度、灌溉施肥管理水平均存在一定的差距。如大部分地区小麦的灌溉施肥仍停留在"一炮轰"式的粗放管理状态，存在高产不节本、高产不高效、水肥资源浪费、土壤质量下降等问题。这种只重视底肥和小麦拔节期的追肥，而在开花至灌浆阶段几乎没有追肥的管理模式，是不符合小麦养分吸收规律的。同时，在水资源日益紧缺的今天，传统漫灌的方式水资源浪费严重（每次每亩[*]灌溉耗水量可达到40～50米³），而且存在着养分淋洗的不良后果，特别在沙性土壤上淋洗更加严重。因此，在缺水地区，

---

　　[*]　亩为非法定计量单位，1亩≈667米²，下同。——编者注

等水施肥成为农民头疼的事情。水肥一体化技术具有省工、节水、节肥、高效、高产、环保的优点，发达国家早已在小麦上推广应用。结合我国当前的小麦生产现状和国外的先进案例，政府部门也提倡在小麦上推广应用这项技术。

多种模式的小麦水肥一体化技术多年来已在新疆、河北、河南、山东等地开展试验示范，改变了示范区传统的重视前期施肥和大水漫灌的习惯，并且认识到通过灌溉设施，可以在全生育期施肥，取得显著增产和节肥节水效果。小麦水肥一体化技术涉及一些基本理论知识和技术细节，虽然有专门的书籍详细介绍，但对直接从事田间生产的农户来讲，不容易理解和掌握有关知识。作者在田间调查中也发现了大量的管理问题。基于此，我们编写了这本通俗易懂、图文并茂、可操作性强的技术图册，以满足农户的迫切需求，指导水肥一体化技术的实际应用。

由于受篇幅所限，本书只能概括性地介绍水肥一体化技术相关的理论、设备、肥料和管理措施。而且各种植区气候、土壤、水质、品种也存在差异，读者在阅读时可根据当地的实际情况酌情调整，尤其是施肥方案，仅作为参考。

　　本书由涂攀峰、张承林负责编写，书中插图由林秀娟绘制，在编写过程中得到华南农业大学作物营养与施肥研究室邓兰生、严程明、李中华、徐焕斌、肖文耀、赖忠明等同事的大力帮助。本书引用了严海军、周建伟、翟学军等老师的一些资料和照片，在此表示衷心的感谢。

目 录
CONTENTS

水肥一体化技术的基本原理

小麦的生长离不开五大生长要素，包括：光照、温度、空气、水分和养分。

光照、温度和空气主要受气候及其他自然环境的影响，人为很难在露天情况下进行改变，而水分和养分则完全可以受到人为调控，使其处于较适宜小麦生长的状态，所以，合理的灌溉和施肥是小麦高产、高效、优质生产的重要保障。

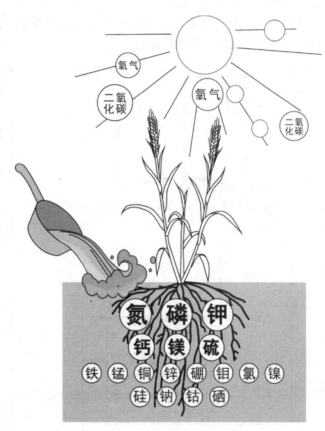

大量元素：氮、磷、钾。
中量元素：钙、镁、硫。
微量元素：铁、硼、铜、锰、钼、锌、氯、镍。
有益元素：硅、钠、钴、硒。

　　水肥一体化技术满足了"肥料要溶解后根系才能吸收"的基本要求。在实际操作时，将肥料溶解在灌溉水中，由灌溉管道输送到田间的每一株作物，作物在吸收水分的同时吸收养分，即灌溉和施肥同步进行。

　　水肥一体化有广义和狭义的理解。广义的水肥一体化就是灌溉与施肥同步进行，狭义的水肥一体化就是通过灌溉管道施肥。

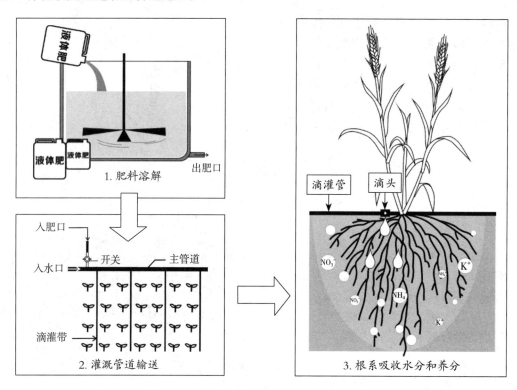

1. 肥料溶解

2. 灌溉管道输送

3. 根系吸收水分和养分

　　根系主要吸收离子态养分，肥料只有溶解于水后才变成离子态养分。所以水分是决定根系能否吸收到养分的决定性因素。没有水的参与，根系就吸收不到养分。肥料必须要溶解于水后根系才能吸收其养分，不溶解的肥料是无效的，肥料一定要施到根系所在范围。传统情况下，先施肥，再大水漫灌，肥料很容易被淋洗，根系吸收的养分很有限。叶片也可以吸收离子态养分，但吸收数量有限。主要通过叶片补充微量元素。

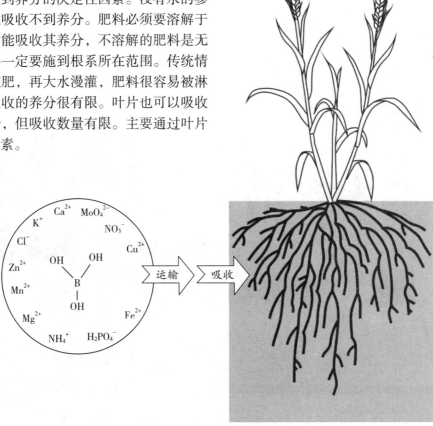

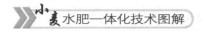
生产上小麦的主要灌溉形式

滴灌

　　滴灌是指具有一定压力的灌溉水，通过滴灌管输送到田间每株小麦，管中的水流通过滴头出来后变成水滴，连续不断的水滴对根区土壤进行灌溉。如果灌溉水中加了肥料，则滴灌的同时也在施肥。

　　滴灌是一种局部灌溉的方式，它灌溉的目的是为了浇作物，保证作物生长需要的水分。施肥是对根区施肥，而不是对土壤施肥。

　　肥料是跟着水走的，滴灌施肥的时候，切忌不要时间太长哦，否则水和肥料都跑到根区下方了，不仅肥水白白浪费，而且小麦生长过程中需要的水和养分也得不到满足。

小麦滴灌设计及技术模式

　　小麦属于低经济价值作物，选择滴灌设备要考虑成本。一般用薄壁内镶式或者侧翼边缝式滴灌带，壁厚0.2毫米，管径16毫米，滴头流量1.8～3.0升/小时。

　　滴灌带布置取决于小麦的栽培模式，一般沿小麦种植方向布置。滴灌带与输水支管垂直，并在支管两侧对称布置。滴灌带用播种铺管机铺设，播种铺管一次完成。

　　小麦滴灌铺管方式如下：

　　（1）一机4带，一带负责6行小麦，即3.6米播幅，播24行小麦，铺4条滴灌带，带间距90厘米。

　　（2）一机5带，交接行一带管4行，其余一带管5行，即3.6米播幅，播26行小麦，铺5条滴灌带，带间距72厘米。

　　（3）一机6带，一带管4行，即3.6米播幅，播24行小麦，铺6条滴灌带，带间距60厘米。

边缝式滴灌带

薄壁内镶式滴灌带及贴片式滴头

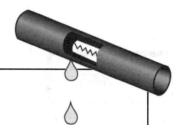

滴灌的优点

1. 节水：水分利用效率高，比漫灌节省30%以上。
2. 节工：在灌溉的同时可以施肥，可以节省80%以上用于施肥的人工，大幅度降低劳动强度。
3. 节肥：减少了灌水冲失、土壤淋溶、空气挥发等损失，肥料利用率比常规提高20%以上。
4. 节地：滴灌后田间不需开毛渠，土地利用率提高3%～5%，每亩多收1万～1.3万穗。
5. 省种子：滴水出苗，供水及时，种子发芽好，出苗率提高15%～20%，每亩节省种子2～3千克。
6. 高效快速，可以在极短的时间内完成灌溉和施肥工作，易于实现大面积的自动化管理。
7. 可随时随地进行灌溉和施肥，保证生长所需水分和养分，麦苗长势强，苗壮均匀，提高收获穗数和单穗粒数。
8. 有效降低了田间空气湿度，减少病虫害的发生。

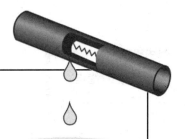

滴灌的不足

1. 如果管理不好，滴头容易堵塞。
2. 一次性的设备投资较大。
3. 滴灌一般以固定面积的轮灌区操作，对于不规整的地块安装不便。
4. 要求施用的肥料杂质少、溶解快。
5. 需要配套的播种铺管机械。
6. 小麦收获后需要回收滴灌带，增加人工成本。

特别提醒

过滤器是滴灌成败的关键设备。

对于泥沙较多的水源，建议安装砂石过滤器作为第一道过滤设备，然后选择叠片式过滤器或网式过滤器作为第二道过滤设备，过滤肥料残渣，一般用120目。

喷水带

喷水带灌溉也称水带灌溉或微喷带灌溉，是在PE软管上直接开0.5～1.0毫米的微孔出水，无需再单独安装出水器，在一定压力下，灌溉水从孔口喷出，高度几十厘米至一米。喷水带灌溉是目前广泛应用的一种灌溉方式。

喷水带规格有φ25、φ32、φ40、φ50四种，单位长度流量为每米50～150升/小时。喷水带简单、方便、实用。只要将喷水带按一定的距离铺设到田间就可以直接灌水，收放和保养方便。对灌溉水的要求显著低于滴灌，抗堵塞能力强，一般只需做简单过滤即可使用。工作压力低，能耗少。

喷水带灌溉是浇地，土面蒸发很大；同时，由于出流量很大，容易产生地面径流，渗漏损失也很大。

喷水带灌溉系统的田间布置模式见下表。

水带直径为32毫米，流量为80升/（米·小时）。喷水带的湿润幅度及流量与工作压力有关，不是一个固定参数。

每带覆盖的行数	18～20行
带间距（米）	2.2～2.4
铺设长度（米）	50

田间小麦应用喷水带的场景

长度 \ 压力	0.1兆帕	0.15兆帕	0.18兆帕
40米	3.00	3.60	4.20
60米	4.20	5.10	6.10
80米	6.00	7.20	8.40
100米	8.40	10.0	11.7

注：表中数字单位为米³/小时。

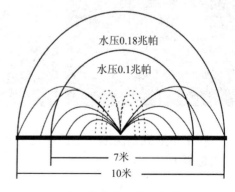

喷水带喷水压力示意图

喷水带灌溉的优点

1. 适应范围广。
2. 抗堵塞性能好（对水质和肥料的要求低）。
3. 一次性设备投资相对较少。
4. 安装简单，使用方便（用户可自己安装），维护费用低。
5. 对质地较轻的土壤（如沙地）可以少量多次快速补水，多次施肥。
6. 回收方便，可以多次使用。

喷水带连接配件

喷水带灌溉的不足

1. 全区域无差别灌溉,特别在喷肥的情况下,苗期容易滋生杂草。
2. 在高温季节,容易形成高湿环境,加速病害的发生和传播。
3. 喷水带只适合平地灌溉。地形起伏不平或山坡地不宜使用。
4. 喷水带的铺设长度一般只有滴灌管的一半或更短,需要更多的输水支管。
5. 喷水带的管壁较薄,容易受水压、机械和生物等影响导致破损。
6. 小麦封行后,喷水带喷出的水受茎秆、叶片的遮挡,导致灌溉和施肥不均匀。
7. 喷水带一般逐条安装开关,不设轮灌区,增加了操作成本。

　　小面积（几亩十几亩）情况下，喷水带灌溉是经济有效的灌溉方式。但在大面积（几十上百亩）情况下，喷水带灌溉管理耗工量大，不是一个适宜的灌溉形式。

喷灌机

移动喷灌机

　　移动喷灌机主要有三种，分别是：中心支轴式喷灌机、平移式喷灌机和卷盘式喷灌机。

　　目前最常使用的是中心支轴式喷灌机和平移式喷灌机，这两种喷灌机适合在大面积土地上使用，而针对中等面积的土地，可以选择卷盘式喷灌机。

这三种喷灌机对水源有什么要求呢？

中心支轴式喷灌机和卷盘式喷灌机的取水点是固定的，而平移式喷灌机的取水点是随着喷灌机的移动在不断变化，一般选择明渠取水或拖移的软管供水。

中心支轴式喷灌机

　　中心支轴式喷灌机是将装有喷头的管道支承在可自动行走的支架上，围绕供水系统的中心点边旋转边喷灌的大型喷灌机械。它的灌溉范围呈标准的圆形，可以根据土地面积的大小，来安装适宜大小的喷灌机。这种喷灌机在农业上应用广泛，对于数百亩至数千亩以上的土地灌溉均可适用。

中心支轴式喷灌机

中心支轴式喷灌机

中心支轴式喷灌机的优点

1. 自动化程度高：一人可同时控制多台喷灌机，灌溉省工省力，工作效率高。
2. 灌水均匀：均匀系数可达85%以上。
3. 能耗低、抗风能力强。
4. 适应性强：爬坡能力强，几乎适宜所有的作物和土壤。
5. 一机多用：可喷施化肥与农药。
6. 对水质要求低，简单过滤即可。

中心支轴式喷灌机的不足

1. 地块边角部分无法灌溉：中心支轴式喷灌机行走路线是一个圆形，对于方形地块边角部分无法灌溉。
2. 在高温季节易形成高温高湿的环境，提高病害的发病率。
3. 一次性投资较大。
4. 全区域灌溉，苗期未封行时浪费水肥。

中心支轴式喷灌机是目前使用率最高的一种喷灌机，比较适合小麦大面积的水肥自动化管理。

平移式喷灌机

平移式喷灌机与时针式喷灌机外形比较相似，但是它的行走轨迹是横向平移，灌溉无死角，在灌溉过程中取水点也随之而动，一般选择明渠或拖移的软管供水。这种喷灌机在农业上应用广泛，对于数百亩至数千亩以上的土地灌溉均可适用。

平移式喷灌机

平移式喷灌机的优点

1. 灌溉矩形地块，土地利用率高。
2. 灌水均匀度高，可避免末端地表径流问题。
3. 行走方向与作物种植方向一致。

平移式喷灌机

平移式喷灌机的不足

1. 结构较复杂，单位面积投资高。
2. 软管供水时需人工拆接、搬移软管。
3. 渠道供水时对地块平整度要求高。
4. 柴油发电机组供电时运行成本高。
5. 电力供电时需要专用拖移电缆，电力设计标准高。

平移式喷灌机

卷盘式喷灌机的特点

1. 结构简单紧凑，机动性强。
2. 操作简单，只需1~2人操作管理，可昼夜工作，可自动停机。
3. 控制面积大、生产效率高。
4. 便于维修保养，喷灌作业完毕可拖运回仓库保存。
5. 喷灌机要求田间留2.5~4米宽的作业通道。
6. 输水PE管水头损失较大，机组入口压力较高。
7. 适合于大型农场或集约化作业。
8. 要注意单喷头工作时水滴对作物的打击。

卷盘式喷灌机

卷盘式喷灌机

沟灌及小白龙灌溉

在华北井灌区，沟灌是比较普及的灌溉模式。一些地方用大口径软管（俗称小白龙，管径90毫米以上）将水输送到田间的灌水口，减少了沟渠输水的渗漏损失。这种灌溉主要存在水分利用效率低、灌溉均匀度差、一次灌溉量过高等缺点。特别在沙性土壤上，渗漏和灌溉不均匀现象非常突出。

小白龙灌溉

沟　灌

灌溉条件下的主要施肥模式

　　通过灌溉管道施肥，有多种施肥方法。经常用的有泵吸肥法、泵注肥法等。下面详细介绍给大家。

液体肥体肥

　　施肥要选择合适的施肥设备和肥料，同时要求浓度一致、施肥速度可控，规模化种植还要求可以自动化。

施肥过程中的肥料浓度变化有两种情况

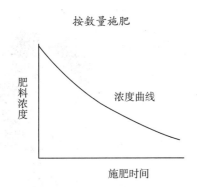

按数量施肥

肥料浓度

浓度曲线

施肥时间

按数量施肥，肥料溶液浓度随时间变小

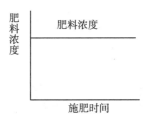

按比例施肥

肥料浓度

肥料浓度

施肥时间

按比例施肥，肥料溶液浓度随时间保持恒定

在小麦的施肥操作过程中，建议按比例施肥，保持肥料溶液以均衡的浓度到达根区。

泵吸肥法

泵吸肥法是在首部系统旁边建一混肥池或放一施肥桶，肥池或施肥桶底部安装肥液流出的管道，此管道与首部系统水泵前的主管道连接，利用水泵直接将肥料溶液吸入灌溉系统。

通过调节出肥管的阀门来控制施肥速度，可快可慢。施肥浓度恒定，施肥时不会造成系统压力变化，也不用增加施肥设备。施肥进度看得见，操作简单。当在吸水管上连接多个施肥桶或池时，可以同时施多种肥料。

主要应用在用水泵对地面水源（蓄水池、鱼塘、渠道、河流等）进行加压的灌溉系统施肥，这是目前大力推广的施肥模式。如应用潜水泵加压，当潜水泵位置不深的情况下，也可以将肥料管出口固定在潜水泵进水口处，实现泵吸肥法施肥。

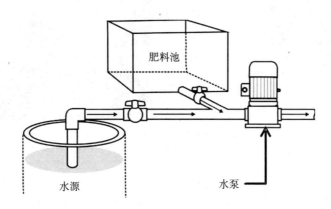

施肥时，先根据轮灌区面积的大小计算施肥量，将肥料倒入混肥池或肥料桶。开动水泵，放水溶解肥料，同时让田间管道充满水。打开肥池出肥口的开关，肥液被吸入主管道，随即被输送到田间小麦的根部。

施肥速度和浓度可以通过调节肥池或施肥桶出肥口球阀的开关位置来实现。

简易的移动首部采用泵吸肥法施肥

泵注肥法的优点

1. 设备和维护成本低。
2. 操作简单方便。
3. 不需要动力就可以施肥。
4. 可以施用固体肥料和液体肥料。
5. 施肥浓度均匀,施肥速度可以控制。
6. 当放置多个施肥桶时,可以多种肥料同时施用。

泵注肥法的不足

1. 不适合于自动化控制系统。
2. 不适合用在潜水泵放置很深的灌溉系统。

泵注肥法

泵注肥法是利用加压泵将肥料溶液注入有压管道而随灌溉水输送到田间的施肥方法。

通常，注肥泵产生的压力必须要大于输水管内的水压，否则肥料注不进去。常用的注肥泵有离心泵、隔膜泵、聚丙烯汽油泵、柱塞泵（打药机配置泵）等。

对于用深井泵或潜水泵加压的系统，泵注肥法是实现灌溉施肥结合的最佳选择。

田间泵注肥法应用场景

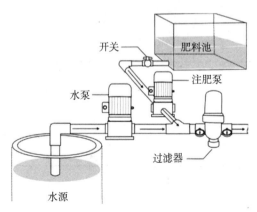

安装定时器对注肥泵自动控制

聚丙烯汽油泵

柱塞泵（打药机）

移动式泵注肥法

在轮灌区的开关后留有注肥口，肥料桶内配置施肥泵（220伏）或肥料桶外安装汽油泵，用运输工具将肥料桶运到田间需要施肥的地方。

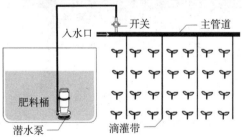

泵注肥法由于施肥方便、施肥效率高、容易自动化、施肥设备简单，在国内外得到大面积的应用。

移动式泵注肥的原理图

对于几亩地的施肥，可采用电动喷雾器泵注肥，蓄电池驱动，该泵可以变频调速。一些用户直接用电动喷雾器注肥，将肥料溶解于背箱内，将喷嘴卸下，换成插头。简单、方便、实用。大面积应用时可以用柱塞泵（打药机）。

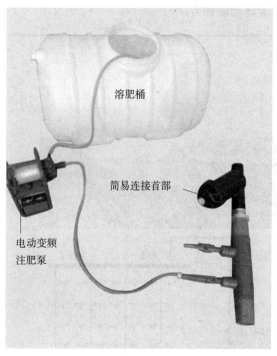

溶肥桶

简易连接首部

电动变频
注肥泵

电动喷雾器

　　应用变频蓄电池驱动施肥泵将肥料注入小白龙软管，通过变频调节施肥速度。如用固体肥，需要溶肥桶；如用液体肥，则直接注入管道。

溶肥水袋

中心支轴式喷灌机、平移式喷灌机、卷盘式喷灌机必须采用按比例施肥方式，确保施肥浓度均一。建议用容积式泵注肥。

柱塞泵

隔膜泵

泵注肥法的优点

1. 设备和维护成本低。
2. 操作简单方便，施肥效率高。
3. 适于在井灌区及有压水源使用。
4. 可以施用固体肥料和液体肥料。
5. 施肥浓度均匀，施肥速度可以控制。
6. 对施肥泵进行定时控制，可以实现简单自动化。

聚丙烯汽油泵

泵注肥法的不足

1. 在灌溉系统以外要单独配置施肥泵。
2. 如经常施肥，要选用化工泵。

柱塞泵（打药机）

在面积大的情况下，为了提高工效，加快肥料的溶解，建议在肥料池内安装搅拌设备。一般搅拌桨要用316L不锈钢制造，减速机根据池的大小选择，一般功率在1.5~3.5千瓦。也可以将化工潜水泵放入池底，不断循环搅拌。

建议淘汰施肥罐（旁通施肥罐）

施肥罐是国外20世纪80年代使用的施肥设备，现在已基本淘汰。施肥罐存在很多缺陷，不建议使用。

1. 施肥罐工作时需要在主管上产生压差，导致系统压力下降。压力下降会影响灌溉系统的灌溉和施肥均匀性。

2. 通常的施肥罐体积都在几百升以内。当轮灌区面积大时，施肥数量大，需要多次倒入肥料，耗费人工。

3. 施肥罐施肥肥料浓度是变化的，先高后低，无法保证均衡浓度。

4. 施肥罐施肥看不见肥液，无法简单快速地判断施肥是否完成。

5. 在地下水直接灌溉的地区，由于水温低，肥料溶解慢。

6. 施肥罐通常为碳钢制造，容易生锈。

7. 施肥罐的两条进水管和出肥管通常太小，无法调控施肥速度。无法实现自动化施肥。

施肥罐

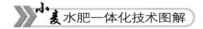
水肥一体化技术下小麦施肥方案的制定

有了灌溉设施后，接下来最核心的工作就是制定施肥方案。只有制定合理可行的施肥方案，才能实现真正意义上的水肥综合管理。

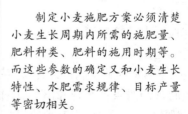

制定小麦施肥方案必须清楚小麦生长周期内所需的施肥量、肥料种类、肥料的施用时期等。而这些参数的确定又和小麦生长特性、水肥需求规律、目标产量等密切相关。

小麦生长特性

小麦的生长发育期可分为出苗、分蘖、拔节、孕穗、抽穗、开花、灌浆和成熟8个时期。

分蘖期

拔节期

抽穗期

灌浆期

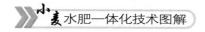

小麦对水分的需求规律

小麦需水最多的时期是拔节至抽穗阶段，占总耗水量的35%～40%，平均日耗水量3.5～4.0米³/亩；抽穗至成熟阶段，占总耗水量的40%～50%，平均日耗水量4.5米³/亩左右。保证这两个时期的需水是小麦高产的关键。0～20厘米土层是主要的供水层，60%的根系分布于这一层；20～50厘米土层也是重要的供水层。通常以0～30厘米的土壤保持湿润作为灌溉的最佳土壤状态。

灌水时期	灌水量（米³/亩）	占田间持水量的百分数（%）
播种出苗期	30	70～80
分蘖期	20	70～80
越冬至返青期	25	70
拔节至孕穗期	20	70～85
抽穗和开花期	20	70～80
灌浆和成熟期	20	60～80（成熟期低）
合计	135	

有没有既简便，又实用，而且不需要使用仪器就可以判断是否需要灌溉的方法呢？

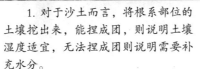

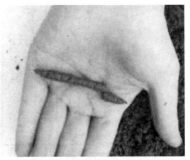

1. 对于沙土而言，将根系部位的土壤挖出来，能捏成团，则说明土壤湿度适宜，无法捏成团则说明需要补充水分。

2. 对于壤土而言，土壤能搓成条则说明土壤湿度适宜，无法成条则表明土壤水分不足，需要灌溉。

　　小麦根系主要分布在0～40厘米的土层中，其中0～20厘米根系分布最多，应用"灌溉深度监测仪"来指导灌溉更加方便可靠。将集水盘埋到根系分布的位置（30厘米深度），开始灌溉，当整个30厘米深度水分饱和后，部分水分进入集水盘，通过孔口进入最底端的集水管，将套管中的浮标浮起来，表明根层已灌足水，要停止灌溉。用注射器将集水管中的水抽干，浮标复位，等待指导下一次灌溉。此方法不受土壤质地及灌溉方式影响。设备经久耐用。

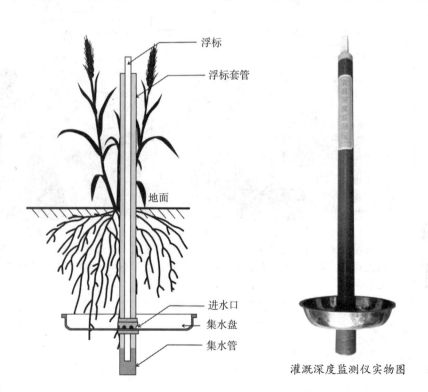

浮标

浮标套管

地面

进水口

集水盘

集水管

灌溉深度监测仪实物图

小麦对养分的需求规律

每生产100千克小麦需要从土壤中吸收氮（N）3.0千克、磷（P_2O_5）1.0～1.5千克、钾（K_2O）2.0～4.0千克，氮∶磷∶钾=3∶1∶3。结合理论与实践，在亩产500～600千克、土壤肥力中等条件下，华北地区冬小麦需要通过施肥的方式给土壤补充氮（N）12～14千克、磷（P_2O_5）6.0～8.0千克、钾（K_2O）4.0～5.0千克。生产300千克春小麦需要给土壤补充氮（N）9.0千克、磷（P_2O_5）4.0千克、钾（K_2O）4.0千克。除此之外，大部分土壤都存在缺锌的现象，每亩施1～2千克硫酸锌对于增产具有积极的作用。

在给小麦施肥过程中，需要把握好两个时期，营养临界期和最大效率期，这是获得高产的先决条件。氮的营养临界期分别位于分蘖期和幼穗分化期，磷的营养临界期较氮提前，在三叶期，此时缺磷，小麦的分蘖则会受到极大影响，且茎秆纤弱，根系发育不良。钾的营养临界期在拔节期。氮的最大效率期位于生长中期，即拔节至孕穗期，磷的最大效率期在抽穗至扬花期，钾的最大效率期在孕穗期。

小麦在不同生育期对氮、磷、钾的吸收量不同。

小麦对氮的吸收主要集中在两个时期，拔节期和孕穗期，其中拔节期氮吸收量占总氮量的45%左右，孕穗期占20%，拔节前占20%，在开花后仍有部分吸收。

磷的吸收是随着生育期逐渐增加的，拔节前吸收量所占比例较小，为15%左右，但此时磷不可缺乏，否则会严重影响小麦的分蘖和根系的生长。拔节期磷的吸收量急剧增加，吸收量占总磷量的20%，孕穗期达到30%左右，抽穗至成熟期占35%。

钾的吸收规律与磷较相似，前期吸收量较少，吸收比例为10%左右，拔节期上升为15%，孕穗期是钾的最大效率期，吸收量占总钾量的40%，抽穗至成熟期占35%。

不同品种间各生育期对氮、磷、钾的吸收也会存在差异，可根据品种、区域酌情参考。

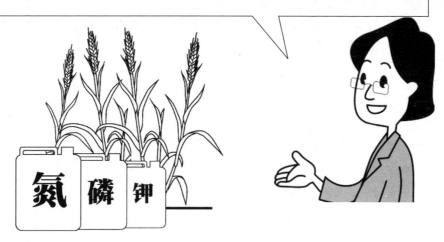

小麦水肥一体化技术下的肥料选择

　　肥料的选择是以不影响该灌溉模式的正常工作为标准的。传统的一些固体复合肥或单质肥料因杂质较多或溶解速度较慢，一方面会堵塞过滤器，另一方面溶肥的过程费工费时，不利于灌溉施肥的操作。

　　用于灌溉施肥系统的肥料能量化的指标有两个：

　　1. 水不溶物的含量（不同灌溉模式要求不同，滴灌情况下杂质含量越低越好，喷灌机要求低一些）。

　　2. 溶解速度（与搅拌、水温等有关，通常要求溶解时间不超过10分钟）。如果采用液体肥料，则不存在溶解速度的问题。

　　对肥料的其他要求：不与硬质和碱性灌溉水生成沉淀，避免引起灌溉水pH的剧烈变化。

小麦水肥一体化技术下的肥料选择

氮肥：尿素、硝酸钾、硫酸铵、硝基磷酸铵、尿素硝酸铵溶液。

磷肥：磷酸二铵和磷酸一铵（工业级）、聚磷酸铵。

钾肥：氯化钾（白色）、水溶性硫酸钾、硝酸钾。

复混肥：水溶性复混肥。

镁肥：硫酸镁。

钙肥：硝酸铵钙、硝酸钙。

沤腐后的有机液肥：鸡粪、人畜粪尿。

微量元素肥：硫酸锌、硼砂、硫酸锰及螯合态微量元素肥料等，铁必须用螯合态。

农资店

用于灌溉系统的肥料的相溶性

	尿素	硝酸铵	硫酸铵	硝酸钙	硝酸钾	氯化钾	硫酸钾	磷酸铵	硫酸盐（铁、锌、铜、锰）	硫酸镁
尿素	√									
硝酸铵	√	√								
硫酸铵	√	√	√							
硝酸钙	√	√	×	√						
硝酸钾	√	√	√	√	√					
氯化钾	√	√	√	√	√	√				
硫酸钾	√	√	R	×	√	R	√			
磷酸铵	√	√	√	×	√	√	√	√		
硫酸盐（铁、锌、铜、锰）	√	√	√	×	√	√	R	×	√	
硫酸镁	√	√	√	×	√	√	R	R	√	√

注：√为互溶；×为不互溶；R为溶解性降低。

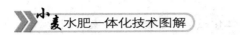

肥料的溶解性（每100毫升水）

单位：克

肥料	分子式	0℃	10℃	20℃	30℃
尿素	$CO(NH_2)_2$	68	85	106	133
硝酸铵	NH_4NO_3	118	158	195	242
硫酸铵	$(NH_4)_2SO_4$	70	73	75	78
硝酸钙	$Ca(NO_3)_2$	102	124	129	162
硝酸钾	KNO_3	13	21	32	46
硫酸钾	K_2SO_4	7	9	11	13
氯化钾	KCl	28	31	34	37
磷酸二氢钾	KH_2PO_4	14	17	22	27
磷酸二铵	$(NH_4)_2HPO_4$	43	63	69	75
磷酸一铵	$NH_4H_2PO_4$	23	29	37	46
硫酸镁	$MgSO_4$	26	31	36	40

小麦施肥方案的制定

小麦到底要施多少肥? 怎么施?

可以通过测土配方施肥法获得。

测土配方施肥法

　　对于小麦等草本类作物而言，在一定的目标产量下需要吸收多少养分是比较清楚的，不同肥力水平的土壤能够提供的养分也有较成熟的研究结果，借助这些资料可计算具体目标产量下需要的氮、磷、钾总量。根据长期的调查，在水肥一体化技术条件下，氮的利用率为70%～80%，磷的利用率为40%～50%，钾的利用率为80%～90%。可计算出具体的施肥量，然后折算为具体肥料的施用量。

　　滴灌下小麦的计划施肥量:

　　土壤肥力中等条件下，生产500～600千克冬小麦需要通过施肥的方式给土壤补充氮（N）12～14千克、磷（P_2O_5）6.0～8.0千克、钾（K_2O）4.0～5.0千克。生产300千克春小麦需要给土壤补充氮（N）9.0千克、磷（P_2O_5）4.0千克、钾（K_2O）4.0千克。

　　在水肥一体化技术条件下，氮的利用率为70%～80%，磷的利用率为40%～50%，钾的利用率为80%～90%，则每亩产500～600千克冬小麦实际施肥量是氮（N）16.0～19.0千克、磷（P_2O_5）13.0～18.0千克、钾（K_2O）4.7～5.9千克。每亩产300千克春小麦实际施肥量是氮（N）12.0千克、磷（P_2O_5）9.0千克、钾（K_2O）4.7千克。

　　以此为参考，很快就可以计算出不同产量水平的计划施肥量。除此之外，根据不同的土壤肥力水平，还可以根据研究资料和实践经验酌情调整施肥量。此计划施肥量仅作为参考。

冬小麦灌溉施肥方案（亩产500～600千克）

　　根据黄淮海地区冬小麦的需肥规律以及田间实际操作，建议冬小麦氮肥宜20%作底肥，45%作返青至拔节期追肥，20%在孕穗期施用，15%在灌浆期施用，分4次施用；磷肥70%作底肥，10%作返青至拔节期追肥，15%在孕穗期施用，5%在灌浆期施用，分4次施用；钾肥30%作底肥，40%在孕穗期施用，30%在灌浆期施用，分3次施用。追肥均通过灌溉设备。本施肥方案仅作为参考。

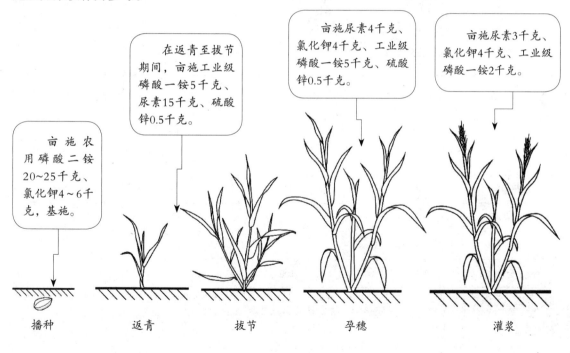

亩施农用磷酸二铵20～25千克、氯化钾4～6千克，基施。

在返青至拔节期间，亩施工业级磷酸一铵5千克、尿素15千克、硫酸锌0.5千克。

亩施尿素4千克、氯化钾4千克、工业级磷酸一铵5千克、硫酸锌0.5千克。

亩施尿素3千克、氯化钾4千克、工业级磷酸一铵2千克。

播种　　　返青　　　拔节　　　孕穗　　　灌浆

华北地区冬小麦安装喷水带后的灌水和施肥计划：肥料采用水溶性复合肥，分5次追肥。

灌水时期	灌水时间（月·日）	灌水量（米³/亩）	肥料种类	施肥量（千克/亩）
起身期	3.20	20	I	5
拔节期	4.05～4.10	20	I	10
孕穗期	4.15～4.20	20	II	8
开花期	4.25～4.30	20	II	7
灌浆期	5.10～5.15	20	II	3
合计		100		35

注：I 型肥料N∶P_2O_5∶K_2O=33∶7∶10，养分总含量50%；II 型肥料N∶P_2O_5∶K_2O=30∶12∶10，养分总含量52%。

在肥料选择上，可以选择液体配方肥、磷酸一铵（工业）、磷酸二铵（工业）、硝基磷酸铵、水溶性复混肥、尿素、氯化钾等作追肥施用。特别是液体肥料在灌溉系统中使用非常方便。常规复合肥、缓控释肥一般作基肥施用。

总的施肥建议

1. 氮肥、钾肥可全部通过灌溉系统施用。
2. 磷肥主要用过磷酸钙或农用磷酸铵作基肥施用。
3. 微量元素通过叶面肥喷施。
4. 有机肥作基肥用。对于能沤腐烂的有机肥也可通过灌溉系统施用。

水肥一体化技术下小麦施肥应注意的问题

　　水肥一体化技术是迅速推动我国小麦现代化生产的一项水肥综合管理技术措施，是对传统灌溉施肥技术的革命性变革，具有显著的经济效益和社会效益。

　　但对于初次使用者来说，一旦将灌溉和施肥结合在一起，就有可能会遇到很多问题，比如系统堵塞问题、过量灌溉问题、养分失衡问题等，应引起高度重视。

系统堵塞问题

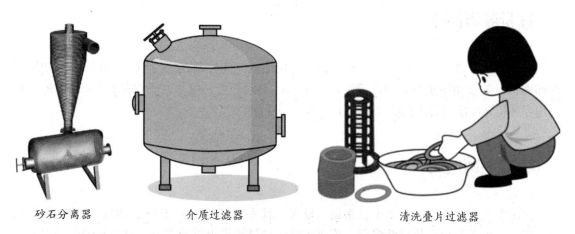

砂石分离器　　　　　　　　　介质过滤器　　　　　　　　清洗叠片过滤器

　　如采用滴灌，过滤器是滴灌成败的关键，常用的过滤器为120目叠片过滤器。如果是取用含沙较多的井水或河水，在叠片过滤器之前还要安装砂石分离器。如果是有机物含量多的水源（如鱼塘水），建议加装介质过滤器。

　　在水源入口常用100目尼龙网或不锈钢网做初级过滤。过滤器要定期清洗。对于大面积的小麦地，建议安装自动反清洗过滤器。滴灌管尾端定期打开冲洗，一般1月1次，确保尾端滴头不被阻塞。一般滴完肥一定要滴清水20分钟左右（时间长短与轮灌区大小有关），将管道内的肥液淋洗掉。否则可能会在滴头处生长藻类青苔等低等植物，堵塞滴头。一些地方的灌溉水中含有较高的钙离子，当用含磷水溶肥时易与钙发生反应产生沉淀，堵塞滴头，用酸性肥料可以解决这一问题。

　　相对滴灌来说，喷灌对过滤的要求不是非常严格。

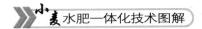

过量灌溉问题

防止过量灌溉。若采用滴灌，在旱季，每次灌溉时间控制在2～3小时，保证根区30厘米湿润即可。若采用喷水带，每次灌溉后保证根区湿润即可，喷水时间控制在5～10分钟。若采用喷灌机，喷灌机行走的速度要与土壤湿润层匹配。

养分平衡问题

在灌溉施肥条件下，根系生长密集、量大，且主要集中在表层或滴头附近，覆盖范围减少，对土壤的养分供应依赖性降低，更多依赖于通过滴灌提供的养分。对养分的合理比例和浓度有更高要求。

1. 如偏施尿素和铵态氮肥会影响钾、钙、镁的吸收（高氮复合肥以尿素为主）。
2. 过量施钾会影响镁、钙的吸收。
3. 磷肥施用过多也会导致缺锌症状的发生。

灌溉及施肥均匀度问题

特别提醒

　　设施灌溉的基本要求是灌溉均匀，保证田间每棵苗得到的水量一致。灌溉均匀了，通过灌溉系统进行的施肥才是均匀的。在田间可以快速了解灌溉系统是否均匀供水。以滴灌为例，在田间不同位置（如离水源最近和最远、管头与管尾等位置）选择几个滴头，用容器收集一定时间的出水量，测量体积，折算为滴头流量。一般要求不同位置流量的差异小于10%。

　　如果是喷水带灌溉，要按照工作压力和喷水带参数决定铺设长度。

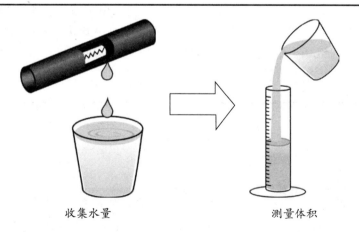

收集水量　　　　　　　　　　测量体积

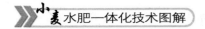

少量多次的施肥原则

特别提醒

　　小麦对养分的吸收是一个持续性的过程，而且不同时期对养分的吸收量和比例也不相同，对施肥要求"少量多次"，以满足小麦生长发育过程中对养分的需求。

　　如果通过灌溉管道"多量少次"施用，存在很多风险。一是存在养分淋洗风险；二是太多肥料集中于根系会造成"烧"根。

　　少量多次施肥，能够持续满足植株对养分的需求，并有效地提高肥料利用效率，且可避免因大量施肥导致养分失衡以及"烧"根现象的发生。当有灌溉设备后，可以根据小麦阶段性的需肥规律施肥，特别是满足开花至灌浆期水肥的及时供应。如在后期补充磷、钾肥，可以使植株健壮、叶片功能延长、穗大穗匀、籽粒饱满、粒重提高、产量显著增加。

施肥前后的管理

采用滴灌时，施肥前先滴20~30分钟清水，湿润土壤，便于养分入渗，若土壤足够湿润，可直接施肥。一般施肥时间维持在1~2小时，雨季或土壤较湿润时，施肥时间控制在30分钟以内，最后再滴10~20分钟的清水，用于冲洗管道中的肥料残留物，避免残渣长期存留在滴灌带中，堵塞滴灌带。铺设滴灌带时，最好是滴头朝上，这样可以减少滴头堵塞的风险。

使用喷灌机或喷水带时，灌溉和施肥是同步的。要确保肥料浓度不能太高，以防烧叶片。通常每亩施用几千克肥料的情况下，应用喷灌机施肥是安全的。

每次灌溉施肥的过程中，注意观察叶片颜色。上、下叶片色泽一致、青绿、光亮，说明植株健壮，不需要施肥，否则需要考虑施肥。建议参照小麦的一些典型缺素现象来判断植株是否缺素，一旦判定缺素，即刻追施肥料。

除此之外，还要经常检查是否有管道漏水、断管、裂管等现象，及时维护系统。